インプレスR&D [NextPublishing]

技術の泉 SERIES

E-Book / Print Book

JavaScript AST入門

ソースを解析・加工して生産性に差をつける!

佐々木 俊介 著

BabelとASTを
使いこなして
JavaScript開発を加速!

An Impress Group Company

目次

はじめに

この本はJavaScript ASTを使ったメタプログラミングの入門・実践書です。ASTとはソースコードを扱いやすいように加工されたデータ構造のこと。ASTを操作するとソースコードの変更・削除・挿入や解析ができます。メタプログラミングというのはプログラムそのものに手を加えることで、つまり本書はJavaScriptのソースコード自体を加工するための本です。

JavaScriptにおいてはASTは難しいものではありません。ASTを使ってお手軽にJavaScriptをハックできるツールを作ってみましょう。

対象読者

簡単！専門知識不要！

JavaScriptをハックして生産性をあげたい人、同じようなコードを毎回手で書くのに飽きた人向けの本です。

本書の中ではあまり高度なことは書かないように努めています。コンパイラ関係の本といえばかなり難解なものばかりなので、お手軽なガイドブックとして書いてみたかったのが執筆のモチベーションです。特にBabelに関して体系だった本やWeb上での資料が無いため、一冊の本としてまとめ上げたかったのです。

本書でのソースコードに関してはECMAScript2017（ECMA-262 8版）を前提に記述しています。言語仕様については本書の範疇を超えるため説明をしません。筆者による「最新JavaScript開発 ES2017対応モダンプログラミング」（インプレスR&D・技術書典シリーズ）https://nextpublishing.jp/book/8958.htmlという本ではECMAScript2017について詳しく解説しています。興味がある方はこちらも参照してください。

JavaScriptの処理系に関しては、コマンドラインで動くNode.jsを使います。Node.jsのインストールに関しても本書では特に説明はしません。バージョンは、執筆時点（2017/11/09）における最新安定版であるv8.9.0を対象としています。

メタプログラミング

「メタ」とは、高次元・超越などを意味する接頭語で、本来の枠組みから外れたより高次元なものを指します。「メタプログラミング」を直訳すれば、プログラミングを超えたプログラミング、でしょうか。プログラムでプログラムを作ったり、加工したり、解析するものです。

C言語のプリプロセッサ、C++のテンプレート、Scalaのマクロ、Lispの言語拡張的な考え方や、RubyのようなLL言語でリフレクションと呼ばれる機能を使った言語拡張などが、メタプログラミングに該当します。

メタプログラミングを活用すると、本来ならば実行時にコストが必要だったことが事前に処理できたり、愚直に書いたのでは不可能なほどの生産性の向上が得られます。

ただ実際には、メタプログラミングは混乱の元になりかねない“黒魔術”であることも多いのが実情です。Cのプロプロセッサを悪用して意味不明なくらい読みづらくなった醜いコードコンテスト[1]、などというものがあるくらいです。
本書では極力そういった黒魔術には触れずに、秩序立ち、それでいて生産性を向上するためのテクニックを紹介します。

本書のサポート

https://rabbit-house.tokyo/books/javascript-astにて本書のサポートを行います。感想や間違いの指摘などございましたらerukiti@gmail.com宛までメールを送るか、https://twitter.com/erukiti宛にメンションを飛ばすなどしていただけたら幸いです。

ソースコードの扱い

この本に登場するソースコードはCC0[2]とします。つまり自由にソースコードを使って構いません。

表記関係について

本書に記載されている会社名、製品名などは、一般に各社の登録商標または商標、商品名です。会社名、製品名については、本文中では©、®、™マークなどは表示していません。

免責事項

本書に記載された内容は、情報の提供のみを目的としています。したがって、本書を用いた開発、製作、運用は、必ずご自身の責任と判断によって行ってください。これらの情報による開発、製作、運用の結果について、著者はいかなる責任も負いません。

底本について

本書籍は、技術系同人誌即売会「技術書典3」で頒布されたものを底本としています。

1.http://www.ioccc.org/

2.https://creativecommons.org/share-your-work/public-domain/cc0 また https://github.com/erukiti/ast-book-sample にてソースコードを公開しています。

第1章　JavaScript ASTがなぜ簡単なのか？

本来のASTはコンパイラの内部表現に過ぎないため、言語利用者の大半には縁のないものです。しかしJavaScriptは他の処理系とは違う歴史を持っているためASTが身近です。それはブラウザの互換性との戦いの歴史により、トランスパイルと呼ばれるソースコードをソースコードに変換するのが一般的だという特殊な事情からくるものです。開発時には最新版の言語仕様を使いつつ、トランスパイルを行ってWebブラウザ上で問題ないソースコードを動かすのです。

最近のJavaScript開発ではBabel[1]というトランスパイラを使うのが定番です。Babelはプラグインを使って、色々な拡張がされたソースコードを自動的にブラウザで動くソースコードに変換してくれます。特に最近は`babel-preset-env`[2]を使えば、難しいことを考えなくても最適なコードに変換できるようになりました。

Babelはトランスパイラですが、同時にASTを使ったエコシステム・ライブラリ群でもあります。Babelのプラグインはまさに ASTの変換をする小さなプログラムです。Babelを使ったメタプログラミングはBabelのプラグインを書けばだいたい達成できます。

さらにJavaScriptのASTはBabelの専売特許ではありません。もともとESTreeという標準仕様があるため、Babelに限らずJavaScript ASTエコシステムでは知識や経験を使い回せます。そういった手厚いASTのエコシステムのおかげで、他の言語では考えられないくらい簡単にASTを使ってソースコードの解析・加工などができてしまうのです。

ASTを使ったメタプログラミングには、分厚いコンパイラの本を読む必要はありません。是非本書を読んでカジュアルにJavaScriptをハックしてみましょう。

1.1　ASTでできること

ASTを使って何ができるでしょうか？ ASTを使うとソースコードの解析や加工ができます。対象のソースコードに手を付けずにハックできます。

1.1.1　デバッグやテストに便利なツールを作る

第3章では、対象のソースコードを一切変更せずに、動的に依存性注入（Dependency Injection）するというハックをたったの100行程度で実装しています。

これにより、ユニットテストに向いていないソースコードの一部分を切り出してテストコードを書いたり、モックを注入したりできます。テストの無いソースコードにテストを導入する

1.https://babeljs.io/

2.https://babeljs.io/docs/plugins/preset-env/

のは一般的には面倒ですが、動的にソースコードを書き換えれば、その一部を切り取って簡単にテストを順次追加していけるのです。

1.1.2 ソースコードの整形

JavaScriptでは、ESlint[3]やprettierというソースコードの整形ツールがよく利用されますが、これらにもASTが使われます。

1.1.3 コメントの活用

ASTではコメントを簡単に取得できるため、そのコメントをさまざまな目的で活用できます。JavaDocのような、コメントに関数やクラスの仕様ドキュメントを書く習慣がありますが、そういったツールもJavaScript ASTを使えば簡単に作れます。これは付録Aで軽く触れています。

1.1.4 ソースコードの静的解析や最適化

一般的に、テストのカバレッジの取得やlintツールなど、さまざまな静的解析ツールにはASTが使われています。ASTのエコシステムの中にはソースコードの静的解析をしてくれるもの、支援するものなどもあります。JavaScriptが小規模の目的にしか使えない“おもちゃ”だった時代はとっくの昔に終わりました。カジュアルさを残しつつも、バグを減らすための仕組みを使いましょう。

第5章では50行以内でできるお手軽なソースコードの最適化を実践しています。さらに50行ほどを追加してさらなる最適化についても書いています。

1.1.5 ソースコードの難読化

静的解析や最適化の技術を応用したものですが、WebサーバーからJavaScriptのソースコードを取得して動かすというWebブラウザの仕組み上、ソースコードそのままを配信したくないこともあります。ASTによりソースコードを読みづらくする難読化や、配信するファイルサイズを減らす為の軽量化などが可能です。

1.1.6 生産性の圧倒的向上

エンジニアの3大美徳の1つに「怠惰」というものがあります。コンピュータにできることは頑張って人間がしてはいけない。自動化して自分自身は楽をしようというものです。

Railsで有名になったDRY（Don't Repeat Yourself）という言葉があります。人間が同じものを何回も書くと、大なり小なりあれど必ず生産性を阻害します。繰り返しは人間が手作業でするものではありません。自動化することの大切さをDRY思想では説いています。人力で頑張って運用するのはエンジニアとしてはとても恥ずべきことです。

できるエンジニアの生産性は1桁も2桁も違うという言葉もありますが、ASTをうまく使いこなせば動作速度やソースコード管理のしやすさを犠牲にせずにそれが可能です。

たとえば、s2s[4]という便利なツールがあります。s2sはSource to Sourceの略称で、ファイル変更を検知してBabelプラグインで加工されたソースコードをリアルタイムにはき出すものです。s2s作者のakamecoさん[5]はReact-ReduxにおいてDRYなコーディングをしています。

https://twitter.com/akameco/status/916294919450275840

固定されたツイート

無職.js @akameco · 20時間

ここに一つの解に至る。Actionの型を書く、それと同時にActionCreaterが作成され、さらに同時にreducerに新しいcaseが追加され、そして同時にそのテストを生成し、その裏で同時に型のルート集約を行う。これがs2s。

github.com/akameco/s2s

詳しくはQiitaのS2Sタグを読むといいでしょう。[6]

これに関してもアイデア次第です。何度も何度も書くコード、コピペ、そういったものから解放されましょう。s2sやASTでプログラミングは大きく進化します。

生産性と性能のトレードオフ

生産性と性能はトレードオフになることが多いです。

性能はアルゴリズムによっては何桁も変わります。アルゴリズムを間違えると、数十秒で終わる計算が人類が滅亡しても終わらない計算になってしまうこともあります。

アルゴリズムの選択を間違えなかったとしても、性能の最適化は生産性を犠牲にしがちです。よく「早すぎる最適化」と呼ばれる問題です。

「CPUの歓声が聞こえる」ほどのならば、アセンブラでとても高性能・高効率なコードを書けるのでしょうが、通常生産性は最悪といってもいいでしょう。天才以外はメンテナンスが難しく開発期間もかかります。少なくともそういう一部の特殊な人以外が書くアセンブラは、コンパイラのはき出すものより性能が劣る時代です。

また、メモリ効率はいいけど動作速度が劣る、動作速度は速いけどメモリ効率が劣るといったトレードオフもしばしば発生します。

他にも「お金」というファクターも考える必要があります。開発人員のアサイン、開発期間、システムアーキテクチャなどなど、ソフトウェアの世界はトレードオフに満ちています。

1.1.7 ワンソースで開発向けと本番向けを分ける

ここまでに書いたことの応用ですが、ワンソースで開発環境向けと本番環境向けにそれぞれ

4.https://github.com/akameco/s2s

5.https://twitter.com/akameco

6.https://qiita.com/tags/S2S

変換することがとても簡単にできます。デバッグコードなどを残しておくと性能面での問題やセキュリティの問題などが発生すると思うかもしれませんが、ASTでソースコードを加工すればそんな問題は無くなります。

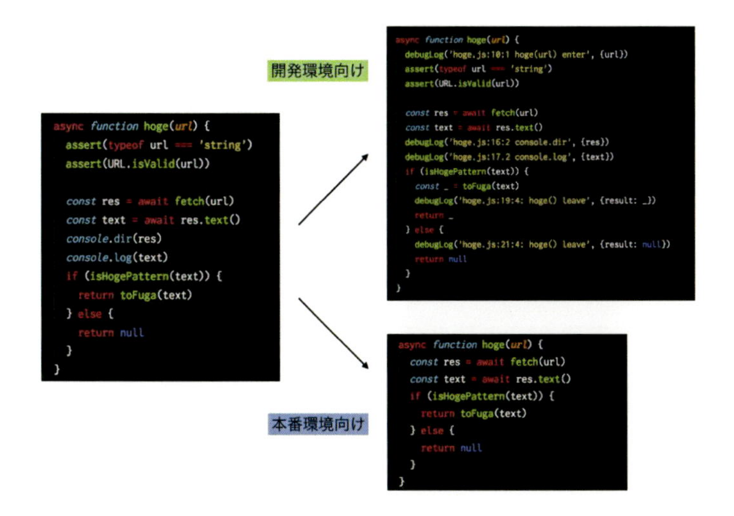

デバッグコードやassertを手作業で除去するのは面倒ですし、人間は間違いを犯す生き物です。そういうものは極力コンピュータにやらせるのがエンジニアの仕事でしょう。

動的変換

Babelでよくある事例は、静的にトランスパイルしてその結果をウェブサーバーで配信するものです。

これは動的に処理することもできます。たとえばNode.jsのような環境では、`require`をハックすることで変換されたソースコードを読み込めます。動的なソースコードの変換というと`eval`のようですが、`eval`のような制限はありません。ソースコードを変更する範囲においては何でもできます。うまく設計すれば、セキュリティ面でも安全にできます。

1.2 導入する

ツールのインストールにはNode.jsのパッケージツールのnpm[7]かyarn[8]のどちらかを使います。好みで選べばいいと思いますが、最近はyarnが人気です。

```
$ npm i @babel/core -S
```

```
$ yarn add @babel/core
```

npmの最後のオプション-Sは--saveの省略形で、プログラムの動作時に依存するという情報をpackage.jsonに記録するためのものです。もし開発時にしか依存しないパッケージであれば-Dもしくは--save-devを指定するといいでしょう。yarnの場合は、yarn addのデフォルト操作が-S相当です。詳しくはhttps://yarnpkg.com/lang/en/docs/migrating-from-npm/をごらんください。

表1.1: npmとyarn

package.json	npm	yarn
記録しない	npm i [package]	N/A
Dependency	npm i [package] -S or --save	yarn add [package]
DevDependency	npm i [package] -D or --save-dev	yarn add [package] -D or --dev
PeerDependency	npm i [package] N/A	yarn add [package] -P or --peer

1.2.1 バージョンに関して

Babel/Babylonは、執筆時点（2018年11月）ではバージョン6が安定版で7が開発中のbeta31なのですが、TypeScriptに対応していたり改善が著しく素晴らしいので、本書では7を前提として説明します。

Babel7はbeta4以後は@babelという名前空間のもとにnpmパッケージが提供されることになりました。元々babel-coreとして提供されていたパッケージであれば、上述のように@babel/coreというパッケージです。ただしすべてが@babel下に移動したわけではありません。たとえばBabylonは従来のままです。

```
$ npm i babylon@next -S
```

Babylonは普通のインストール方法ではバージョン6系のものがインストールされてしまいますが、@nextを指定すれば、Babel7バージョンがインストールされます。ただしこれはBabel7がまだbetaのためです。今後Babel7が安定版になれば@nextの指定は不要になります。

本書では、これ以後インストールコマンドに関しては、npmのみで@nextを省略しますが、適宜読み替えてください。

yarn

yarnはnpmの開発が停滞していたことに不満をもったFacebook社のエンジニアが作ったnpm

互換のパッケージマネージャです。
特徴としては、npmよりもコマンドがシンプルな点と、開発が活発な点です。
workspacesという便利な機能もありますが、まだまだ開発中の機能のため、活用しようとすると資料が少ないという問題はあります。

1.3 ASTを実際にさわってみる

ここまでで用途について説明してきました。それでは実際にASTというものがどういうものなのか見ていきましょう。

ASTを操作するツールは大きく分けて二系統ありますが、本書ではBabel/Babylon系で説明します。もう1つの勢力であるEsprima系について本書では触れませんが、基本的な考え方はどちらも同じです。細かい違いが色々あるだけなので応用は利くはずです。

1.3.1 ライフサイクル

ASTを扱うツールは大まかにわけて3種類あります。パーサー・トラバーサ[9]・ジェネレータです。

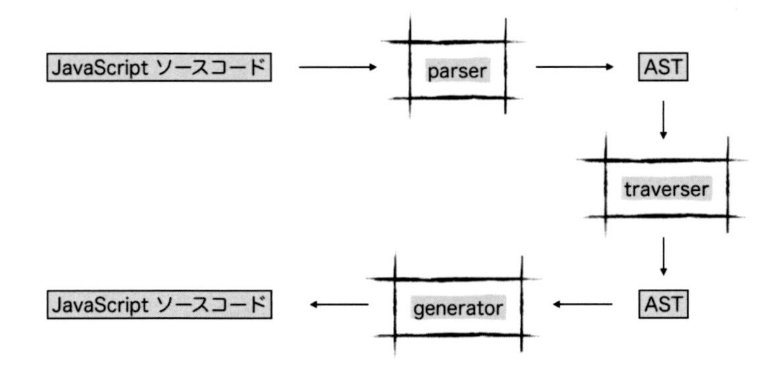

パーサー / parser

パーサーはJavaScriptやAltJSなど[10]のコードを解析してASTを作るツールです。BabylonやEsprimaが該当します。

JavaScriptのASTで楽ができるのは、このパーサーが面倒な部分をひととおり引き受けてくれるからなのです。

トラバーサ / traverser

ASTを再帰的に操作するツールがトラバーサです。ASTはツリー構造なので再帰的に探索するのがセオリーです。それをとても楽にするためのものです。

特にbabel-traverserはとても優秀で、ある程度の静的解析まで行ってくれるという至れり尽くせりなものです。

ジェネレータ / generator

ASTからJavaScriptのソースコードを生成するツールがジェネレータです。babel-generatorなどがこれに該当します。

1.3.2 実際にサンプルを見てみよう

ここまでライフサイクルの説明をしてきて、それを台無しにする感じではありますが、babel-coreのtransform関数なら、パーサー・トラバーサ・ジェネレータの工程をひととおり面倒をみてくれるのでこれを使ったソースコードを見てみましょう。

二項演算子を強制的にかけ算にしてしまうというサンプルです。20行以内でさくっと作れます。

リスト1.1: pre/babel-sample.js

```
 1: const {transform} = require('@babel/core')
 2:
 3: const src = '1 + 2'
 4:
 5: const plugin = ({types: t}) => ({
 6:   visitor: {
 7:     BinaryExpression: (nodePath) => {
 8:       if (nodePath.node.operator !== '*') {
 9:         const newAst = t.binaryExpression('*',
nodePath.node.left, nodePath.node.right)
10:         nodePath.replaceWith(newAst)
11:       }
12:     }
13:   }
14: })
15:
16: const {code} = transform(src, {plugins: [plugin]})
17: console.log(code) // --> 1 * 2;
```

5行目のpluginというのはどういうことでしょうか？じつはこのコードはれっきとしたBabelのプラグインなのです。ソースコードを変換するとき、パーサー・トラバーサ・ジェネレータを個別に叩くよりは、プラグインを作ってbabel-coreのtransformを叩くのが実は一番早いためです。

6行目のvisitorはビジターパターン[11]のビジターです。ASTを再帰的に辿って、visitorオブジェクトの中に該当するラベルの関数があればそれを呼び出します。7行目のラベルでは、BinaryExpression（二項演算子）を見つけた時に呼ばれる関数を定義しています。本書ではこれをビジター関数と呼びます。

8行目のif文で演算子が'*'以外という判定をします。

9行目で新しいASTを作成します。t.binaryExpressionは3つの引数を渡しますが、1つめが演算子の文字列で、今回はかけ算なので'*'です。2つめは二項演算子の左側、3つめが右側を指します。nodePath.node.leftという字面から想像できるかもしれませんが、元のソースの左側と右側を指します。[12]

10行目では自分自身のノードをnewAstで置換します。

16行目のtransformでは、Babelプラグインであるpluginを使ってソースコード、今回は1 + 2を変換した結果1 * 2;を返しています。

ビジターパターン

再帰アルゴリズムを使う場合、自前で全部行うと再帰するための処理と対象の処理（前述の例だとBinaryExpressionを置換するコード、ビジター関数）が混ざってしまいます。もちろん単純なものであればそれでも構いませんが、責務（役割）を複数もった関数はたいてい複雑になりすぎて、メンテしづらくなります。特にASTのようなものを扱う場合は「責務の分離」をした方が圧倒的に楽です。

ビジターパターンはそういう責務の分離をするためのデザインパターンですが、GoFという言語仕様が乏しい時代に生まれたデザインパターンで、当時は複雑な仕組みで実現するものでした。しかし、第一級関数という仕組みが言語に備わっていれば、難しく考えなくても大丈夫です。元々JavaScriptは関数型言語を作りたかった人によって生まれた言語のため、関数型言語によく見られるような第一級関数（ファーストクラス関数）、つまり関数を自由自在にやりとりすることが当たり前にできます。再帰処理を行うトラバーサにビジター関数を渡せばいいだけです。前述の例だとビジター関数を集めたオブジェクトです。

トラバーサはASTを再帰的に辿ってBinaryExpressionを見つけると、さきほどのビジター関数を呼び出します。1 + 2という単純なコードでも複数のノードから成り立ってますが、BinaryExpression以外は勝手に処理してくれるので、プログラマが集中したい責務だけ記述すればいいのです。

11.https://ja.wikipedia.org/wiki/Visitor_%E3%83%91%E3%82%BF%E3%83%BC%E3%83%B3

12.引数の順序を逆にすれば、当然左と右が入れ替わりますね。

第2章　AST解説

この章ではAST[1]について解説します。前半部分ではASTの取得と使い方の説明、後半部分では実際にASTを使った実践をそれぞれ説明します。

2.1　ASTを実際に眺めてみよう

ASTを実際に眺めるにはAST Explorerhttp://astexplorer.net/を使いましょう。babylon以外のASTパーサーや他の言語にも色々対応しています。AST関連の開発ではこれを使うのが定番です。

babylon7を選んで、`1 + 2`を読み込んでみましょう。

図2.1: AST explorer

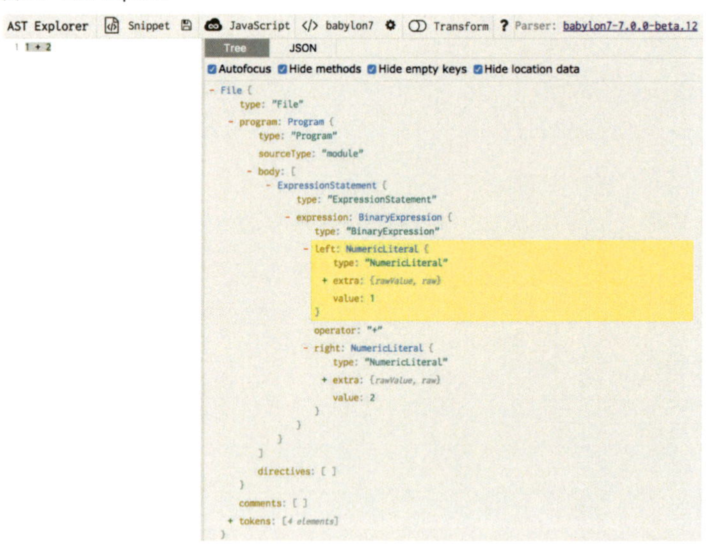

ASTはノード[2]が集まって出来あがったツリーです。図2.2は先程の`1 + 2`を表しています。

1.Abstract Syntax Treeの略称で日本語では抽象構文木といいます。

2.ノードとは節（ふし）です。プログラミングの世界ではノードというと根本のルートノードや、葉っぱのリーフノードや、その間にあるものもすべてノードとして扱います。

図2.2: ASTのツリー構造

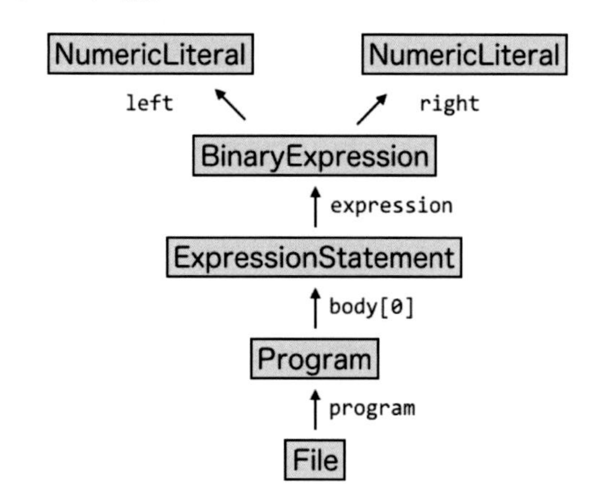

図2.2はツリーというには貧弱ですが、なんとなく木っぽいなと思ってください。ツリーの根本にあるのは`File`というノードです。根本から1つ上の幹として`Program`があります。この2つは、いってみればコード全体を指すものです。

JavaScriptのソースコードは、何らかのStatementの集まりです。Statementはプログラミング言語の世界では「文」と呼ばれます。関数呼び出しや変数の書き換え、クラス定義なども文です。JavaScriptの場合は上から順に文を実行[3]します。`Program`の`body`はまさにその`Stamement`の配列で枝分かれしていきますが、今回はbodyの中身が1つです。

`ExpressionStatement`はこのプログラム唯一の文です。式そのものが文になる場合のプレースホルダーのようなものです。`ExpressionStatement`の中身は`BinaryExpression`、つまり二項演算子[4]です。

`BinaryExpression`には3つの重要なプロパティがあります。演算子を指す`operator`で今回の場合`'+'`という足し算を指す文字列が入っています。残りは`left`と`right`で`operator`の左と右です。今回は`1 + 2`という式なので、`left`には`1`を指すリテラルである`NumericLiteral`が入っています。リテラルというのはプログラミングの世界では、ソースコード上に直接書かれる数値や文字列のことです。

`NumericLiteral`はそこで完結していてそれ以上先を辿れない先端、つまり行き止まりです。

2.1.1 JavaScriptにおけるASTとは

JavaScriptにおいてASTエコシステムの歴史はMozilla Firefoxから始まります。Firefoxのリフレクション[5]用にParser API[6]が生み出されたのですが、このAPIが返すオブジェクトを標

3. 関数宣言やクラス宣言は、登録するという命令を実行しています。中身は呼び出されるまで実行されません。
4. a + b とか 1 * 2 とか hoge == fuga のような、「左」「演算子」「右」の構造のものを二項演算子といいます。
5. プログラムが自分自身の情報を読み取ったり書き換えたりすることです
6. https://developer.mozilla.org/en-US/docs/Mozilla/Projects/SpiderMonkey/Parser_API

準化されて、皆が使えるESTree仕様[7]というものに進化しました。

リスト2.1: Programノードの定義

```
extend interface Program {
  sourceType: "script" | "module";
  body: [ Statement | ModuleDeclaration ];
}
```

リスト2.1はESTreeでのProgramというノードの定義が書かれています。ProgramにはsourceTypeというキーでscriptかmoduleという文字列が入ります。bodyというキーでStatementかModuleDeclarationの配列が入ります。

さまざまなJavaScriptのAST操作ツールは基本的にESTreeベースです。

2.1.2 Babel/Babylon（Acorn）系とEsprima系

JavaScriptASTには、大きく分けてEsprima系とBabel/Babylon（Acorn）系があります。先ほど述べたように、大まかな構造はESTreeで共有されているものの細かな違いがあり、パーサー・トラバーサ・ジェネレータは系統を合わせる必要があります。特にBabel/BabylonではESTreeを拡張した形となっています。

以前であればEsprima系が良かったようですが、今となってはどちらも成熟度が高く、世の中Babelを使う事例ばかりなので筆者はBabel/Babylonでいいという考えに至りました。そのため本書ではBabel/Babylon系を中心に解説しますが、Esprima系でも根本的な考え方は変わらないので十分応用は利くはずです。

Abstract Syntax Treeとは？abstractとは？

ソースコードを内部表現に変換する過程では、主に字句解析と構文解析が必要です。

字句解析は予約語や変数名・記号などに分解する過程です。古来からあるlexや、最近だとPEG（JavaScriptでならpeg.jsが有名です）といった字句解析に強いツールを使って、トークンという単位に分解します。

・PEG:https://ja.wikipedia.org/wiki/Parsing_Expression_Grammar・peg.js:https://pegjs.org/

構文解析では、トークンをそれぞれの意味で分析して構文木や抽象構文木を作ります。

抽象じゃない構文木とは何でしょうか？それはトークンを元に、括弧やリテラルの書き方など意味が同じなのに表現の異なるものなど、そういったしがらみに左右されるのが構文木です。

抽象構文木（AST）はしがらみから脱却しています。ソースコード上の意味をもとに作られているツリーなので、表記方法という具象的な情報を切り落として考えられるから抽象なのです。

7.https://github.com/estree/estree

コンパイラの教科書や大学の授業でなければ、抽象ではない構文木を意識することはないでしょう。
ASTはしがらみから脱却はしていますが、ソースコード上の位置情報や表記方法といった具象情報も保持しているので実用上の問題もありません。もちろんそれらは無視することができます！

2.2 Babylon

さて、実際にBabel系パーサーであるBabylon[8]を使ってASTに触れてみましょう。

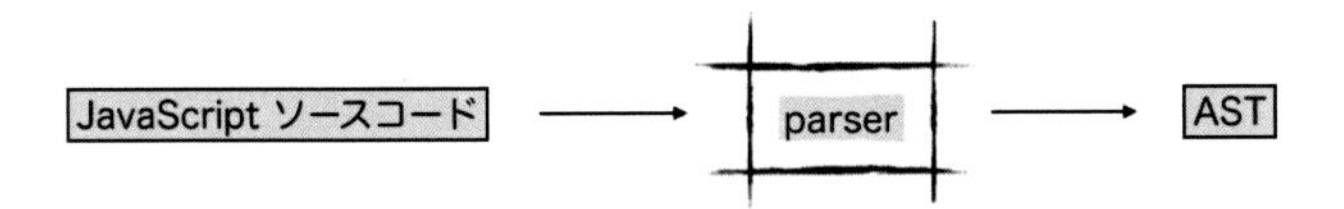

パーサーはJavaScriptのソースコードをASTに変換してくれるものです。

```
$ npm i babylon -S
```

使い方はとても簡単です。`const ast = babylon.parser (sourceCode)` のように、引数にソースコードを入れて関数を呼び出せばASTが返ってきます。

リスト2.2: chapter1/try-babylon7.js

```
 1: const babylon = require('babylon')
 2:
 3: const ast = babylon.parse('1 + 2 * (3 + 4)')
 4: console.log(ast)
 5:
 6: /* 結果
 7: Node {
 8:   type: 'File',
 9:   start: 0,
10:   end: 15,
11:   loc:
12:    SourceLocation {
13:      start: Position { line: 1, column: 0 },
14:      end: Position { line: 1, column: 15 } },
```

8.https://github.com/babel/babylon

```
15:   program:
16:    Node {
17:      type: 'Program',
18:      start: 0,
19:      end: 15,
20:      loc: SourceLocation { start: [Object], end: [Object] },
21:      sourceType: 'script',
22:      body: [ [Object] ],
23:      directives: [] },
24:   comments: [] }
25: */
```

返ってくるASTはツリー構造のNode型オブジェクトです。Node型自体はプロパティ保持用のクラスであり、特にメソッドをもっているわけでもありません。

Node型はかならずtypeという種別を示すプロパティがあり、File, Program, BinaryExpressionなどの文字列が入っています。

2.2.1 位置情報

start, end, locというプロパティはソースコード上の位置情報を示しています。

start, endは渡したソースコードのバイト数での位置情報で、locはソースコードの表示上の位置情報です。

リスト2.3: loc

```
  loc:
   SourceLocation {
     start: Position { line: 1, column: 0 },
     end: Position { line: 1, column: 15 } },
```

lineは行番号です。1から始まるオリジン1で、columnは列でオリジン0です。byte単位での位置情報よりは、line/columnの方がエラー表示には便利ですね。

2.2.2 子Nodeの辿り方

ASTはツリー構造ですが、子Nodeのキーは必ずしも同じではありません。それぞれのNodeの種類ごとに異なるキーで辿る必要があります。たとえば、Babel系ASTでの一番トップはFile Nodeです。programというプロパティにProgram Nodeを持っています。Program Nodeは、bodyにStatementやModuleDeclarationの配列を持っています。

リスト2.4: File Node

```
1: {
2:   "type": "File",
3:   "program": <Program Node>,
4:   "comments": []
5: }
```

リスト2.5: Program Node

```
1: {
2:   "type": "Program",
3:   "sourceType": "script",
4:   "body": [<Statement node>, ....]
5: }
```

子Nodeの持ち方には2つのケースがあります。Fileのprogramのように直接Node型のオブジェクトが入っているケースと、ProgramのbodyのようにNode型の配列というケースです。

traverserを使わずに自前でASTを辿る場合、それぞれのキーごとの値がNode型か、Node型の配列かを判別するのが手っ取り早いのですが、Nodeの型ごとの子Nodeのリストをもつという方法もあります。

2.2.3 ASTを見るお手軽な方法その1

まずはASTを見るツールを紹介します。babel-log[9]とast-pretty-print[10]です[11]。実のところbabel-logの`log(ast)`は、`console.log(printAST(ast, true))`を呼び出すだけです。`printAST`は結果を文字列として取得できるので`console.log`を使いたくない時に便利です。目的に合わせてどちらかを選べばいいでしょう。

```
$ npm i babel-log ast-pretty-print -S
```

リスト2.6: chapter1/babel-log.js

```
1: const babylon = require('babylon')
2: const log = require('babel-log')
3: // const printAST = require('ast-pretty-print')
4:
5: const ast = babylon.parse('1 + 2 * (3 + 4)')
6: log(ast)
```

9.https://github.com/babel-utils/babel-log

10.https://github.com/babel-utils/ast-pretty-print

11. このツール、akamecoさんに教えていただきました。ありがとうございます！

```
7: // console.log(printAST(ast, true))
```

```
Node "File" (1:0, 1:15)
  comments: Array []
  program: Node "Program" (1:0, 1:15)
    body: Array [
      Node "ExpressionStatement" (1:0, 1:15)
        expression: Node "BinaryExpression" (1:0, 1:15)
          left: Node "NumericLiteral" (1:0, 1:1)
            extra: Object {
              "raw": "1",
              "rawValue": 1,
            }
            value: 1
          operator: "+"
          right: Node "BinaryExpression" (1:4, 1:15)
            left: Node "NumericLiteral" (1:4, 1:5)
              extra: Object {
                "raw": "2",
                "rawValue": 2,
              }
              value: 2
            operator: "*"
```

2.2.4　ASTを見るお手軽な方法その2

ASTを見るツールを作るのも一つの方法です。その場合、`JSON.sringify()`を使うとお手軽なのですが、余分な情報が多いので第二引数の`replacer`関数を使います。

リスト2.7: JSON.stringify()

```
1: JSON.stringify(obj, replacer, ’  ’)
```

JSON.stringifyは第1引数で指定したオブジェクトを、プロパティごとに再帰的にたどってJSON化するのですが、第2引数のreplacerが関数ならば、プロパティをどう扱うかは毎回replacer関数にお伺いを立ててくれます。

replacer関数にはプロパティのキーである`key`と中身の`value`が渡ってきます。戻り値によって表示が変わるのですが、`undefined`を返せばそのプロパティは無かったことになります。元の値を返す、あるいは別の値を返すとその値が表示されます。

replacer関数にnullを渡した場合`JSON.stringify(obj, null, ’  ’)`と比較してみると、挙動についての理解がすすむでしょう。ちなみに第3引数は渡した文字列でインデントをしてくれます。これが無いとインデントなしで詰め込まれた1行のJSONが返ってくるので使いづらいです。

リスト2.8: chapter1/print-ast-outline.js

```
 1: const babylon = require('babylon')
 2:
 3: const ast = babylon.parse('1 + 2 * (3 + 4)')
 4:
 5: const isNode = obj => {
 6:   // Nodeもしくは Nodeの配列は必ず object 型です。
 7:   if (typeof obj !== 'object') {
 8:     return false
 9:   }
10:
11:   // 配列の中にNodeが含まれていれば、配列自体をNode型と判定します。
12:   if (Array.isArray(obj)) {
13:     return obj.find(v => isNode(v)) !== undefined
14:   }
15:
16:   return obj && 'constructor' in obj && obj.constructor.name ===
'Node'
17: }
18:
19: const replacer = (key, value) => {
20:   if (!key || key === 'type' || isNode(value)) {
21:     return value
22:   }
23:
24:   return undefined
25: }
26:
27: console.log(JSON.stringify(ast, replacer, '  '))
```

これで、ASTのアウトラインが見えるようになりました。

Node型を判定する方法

Babylonでは残念ながらNode型がexportされてないので、instanceofで判定できません。constructor.nameが'Node'かどうかを見ています。
別の手段としてはダックタイピング的に、typeがstringだったり、startやendが数値、locなどを見てオブジェクトの中身がASTのノードかを判定するという方法もあります。この方法をとるときは、isNodeLikeのような関数名を付けられることがあります。中身がNodeのようなら厳密な型を気にしない、という考え方ですね。

`1 + 2 * (3 + 4)`をリスト2.2で生成したASTならば以下のような出力になります。

リスト2.9: chapter1/print-ast-outline.result.json

```
 1: {
 2:     "type": "File",
 3:     "program": {
 4:       "type": "Program",
 5:       "body": [
 6:         {
 7:           "type": "ExpressionStatement",
 8:           "expression": {
 9:             "type": "BinaryExpression",
10:             "left": {
11:               "type": "NumericLiteral"
12:             },
13:             "right": {
14:               "type": "BinaryExpression",
15:               "left": {
16:                 "type": "NumericLiteral"
17:               },
18:               "right": {
19:                 "type": "BinaryExpression",
20:                 "left": {
21:                   "type": "NumericLiteral"
22:                 },
23:                 "right": {
24:                   "type": "NumericLiteral"
25:                 }
26:               }
27:             }
28:           }
29:         }
30:       ]
31:     }
32:   }
```

再帰処理

再帰処理とは関数が自分自身を呼び出すことです。直接呼び出さずに他の関数を経由することもあります。
再帰処理に向いたデータ構造を再帰無しで書こうとすると、キューやスタックといった別の高度な仕掛けを使うことになるでしょう。それでは再帰処理に向いたデータ構造とは何かというと、再帰データ構造です。ツリー構造、リスト構造などが該当します。これらに共通するのは自分（Node）が別のNodeへの参照をもっていることです。
JavaScriptで身近なツリー構造には、JSONやプレーンなオブジェクトがあります。

リスト2.10: chapter1/tree-recursive.js

```
1: const obj = {
2:   hoge: {
3:     fuga: [1, 2, 3]
4:   },
5:   piyo: 'ぴよ',
6:   foo: {
7:     bar: {
8:       baz: null
9:     }
10:   }
11: }
12:
13: const objToString = (node, indent = 0) => {
14:   const leading = ' '.repeat(indent)
15:
16:   if (typeof node === 'object' && node) {
17:     return Object.keys(node).map(key => {
18:       return `${leading}${key}:\n` +
19:              `${objToString(node[key], indent + 2)}`
20:     }).join('\n')
21:   }
22:
23:   return `${leading}${node}`
24: }
25:
26: console.log(objToString(obj))
```

objToStringが最初に呼び出される時は、objを引数に渡してindentを省略しているのでindent

は0です。その時点でnodeの中身はobjそのままなので、処理は17行目に渡ります。Object.keys(node)ではhoge, piyo, fooの配列が得られるので19行目ではobjToString(obj.hoge, 2)が呼び出されます。
今度はnodeはobj.hogeを指しているのでまたオブジェクトです。先ほどと同じ流れで19行目でobjToString(obj.hoge.fuga, 4)が呼び出されます。
obj.hoge.fugaは配列なのですが、配列はオブジェクトです。これまでと同じように19行目でobjToString(obj.hoge.fuga[0], 6)が呼び出されます。
obj.hoge.fuga[0]は数値ですが、インデントされた文字列としての'　　1'を返します。これを配列の個数分繰り返してobj.hoge.fugaが処理した文字列が返ります。
obj.hogeにはfuga以外は無いのでobj.hoge.fugaが返した文字列を加工した文字列を返します。ここまでで、hogeの処理は完了です。次はpiyoに映って同じ流れで処理して、最後にfooを処理します。
ASTではツリー構造を相手にするため、この流れを頭に入れておく必要があります。コツはデバッガを使うなり机上デバッグなり、手段はなんでもいいですが、実際にどういう引数でobjToStringが呼び出されるか、returnするときは何を返すのかを観察することです。たとえば、VSCodeのデバッガでステップ実行をすると一目瞭然ですね。

2.2.5　ASTの調べ方

Babylon公式の仕様書https://github.com/babel/babylon/blob/master/ast/spec.mdか、babel-typesの定義https://github.com/babel/babel/tree/master/packages/babel-types/src/definitionsを読むのが一番確実です。もちろんAST explorerを活用して調べるのも手です[12]。

2.3　実際にASTを使ってみよう

ここまでASTについて説明してきました。リスト2.9にでてきた種類のNodeだけ知っていれば、四則演算なら簡単に行えます。作ってみましょう。

2.3.1　トラバーサを自作してみよう

今回はトラバーサ、つまり再帰的にNodeを辿ってASTを操作するためのツールも自作してみましょう。

リスト2.11: chapter1/traverser.js

```
1: const code = '1 + 2 * (3 + 4)'
```

12. いつか筆者が表を書くかもしれません

```
 2:
 3: // そのNodeに対応するソースソースコードを取得するヘルパー関数
 4: const getCode = node => code.substr(node.start, node.end -
node.start)
 5:
 6: const traverser = (node, exitVisitor, indent = 0) => {
 7:   console.log(‘${' '.repeat(indent)}enter: ${node.type}
'${getCode(node)}'‘)
 8:   if (!(node.type in exitVisitor)) {
 9:     console.error(‘unknown type ${node.type}‘)
10:     console.log(JSON.stringify(node, null, '  '))
11:     process.exit(1)
12:   }
13:
14:   const res = {}
15:   // Nodeの中身を舐める
16:   Object.keys(node).forEach(key => {
17:     // Node型じゃないのでたどらない
18:     if (!isNode(node[key])) {
19:       return
20:     }
21:
22:     if (Array.isArray(node[key])) {
23:       // Node型の配列なのでそれぞれ再帰する
24:       res[key] = node[key].map(v => traverser(v, exitVisitor,
indent + 2))
25:     } else {
26:       res[key] = traverser(node[key], exitVisitor, indent + 2)
27:     }
28:   })
29:
30:   console.log(‘${' '.repeat(indent)}exit:  ${node.type}
'${getCode(node)}'‘)
31:   //ビジター関数を呼び出してその結果を返す
32:   return exitVisitor[node.type](node, res, indent)
33: }
```

exitVisitorは、対象のNodeから出るときに呼び出されるコールバック関数[13]callbackであるビジター関数のつまったオブジェクトです。このオブジェクトに登録されていないNode

13.JavaScriptでは多用されるのがコールバック関数です。ある関数・メソッドを呼び出すときに、引数に関数を渡すと、条件を満たした時のそのコールバック関数を呼び出してくれるというものです。

を見つけてしまった場合は、エラー終了します。

16行目から28行目ではtraverserの再帰処理を行っています。リスト2.8で作ったisNode関数を使ってnodeのそれぞれのプロパティがNode型かNode型の配列なら再帰的に探索するのです。

32行目ではビジター関数を呼び出した結果を返しています。

本来traverserには入るとき・出るとき両方に対応してるものですが、今回は出るときの処理だけで済むので、入る時の処理は省略しています。

車輪の再発明

車輪の再発明、つまりすでにあるものを新しく作ることを嫌う人はいますが、筆者は少なくとも習得過程では有益だと考えます。ソースコードリーディングや改造もいいですが、一からロジックを組み立てる練習をしておくと、中身の理解が捗ります。
既存のトラバーサに機能的な不満があるなら、改造や作り直しをすることもあるでしょう。そのときに何を優先したいのか、コストの兼ね合いでどうするか考えましょう。

2.3.2 トラバーサから呼び出すためのビジター関数オブジェクトを書いてみよう

リスト2.12: chapter1/visitor.js

```
 1: const exitVisitor = {
 2:   File: (node, res) => res.program,
 3:   Program: (node, res) => res.body,
 4:   ExpressionStatement: (node, res) => {
 5:     const expr = node.expression
 6:     return ‘${getCode(node)} = ${res.expression}‘
 7:   },
 8:   BinaryExpression: (node, res, indent) => {
 9:     console.log(‘${’ ’.repeat(indent)} ${res.left}
${node.operator} ${res.right}‘)
10:     const {left, right} = res
11:     switch (node.operator) {
12:       case ’+’: return left + right
13:       case ’*’: return left * right
14:       case ’-’: return left - right
15:       case ’/’: return left / right
16:       case ’%’: return left % right
17:       default: throw new Error(’対応してない二項演算子’)
```

```
18:      }
19:    },
20:    NumericLiteral: (node, res, indent) => {
21:      console.log(`${' '.repeat(indent)}  value: ${node.value}`)
22:      return node.value
23:    }
24: }
```

リスト2.12はビジター関数オブジェクトですが、一番最初に呼び出されるビジター関数は子Nodeが存在しません`NumericLiteral`。それ以外のNodeの場合はtraverserが再帰処理をしているので、子Nodeがすべて解決したあと深さ優先探索と言います。になるので、`BinaryExpression`が出るときはすでに子Nodeの`res.left`, `res.right`には数値が入っているので、そのまま計算できます。

リスト2.13: chapter1/ast-calc.result.txt

```
enter: File '1 + 2 * (3 + 4)'
enter: Program '1 + 2 * (3 + 4)'
  enter: ExpressionStatement '1 + 2 * (3 + 4)'
    enter: BinaryExpression '1 + 2 * (3 + 4)'
      enter: NumericLiteral '1'
      exit:  NumericLiteral '1'
        value: 1
      enter: BinaryExpression '2 * (3 + 4)'
        enter: NumericLiteral '2'
        exit:  NumericLiteral '2'
          value: 2
        enter: BinaryExpression '3 + 4'
          enter: NumericLiteral '3'
          exit:  NumericLiteral '3'
            value: 3
          enter: NumericLiteral '4'
          exit:  NumericLiteral '4'
            value: 4
        exit:  BinaryExpression '3 + 4'
         3 + 4
      exit:  BinaryExpression '2 * (3 + 4)'
       2 * 7
    exit:  BinaryExpression '1 + 2 * (3 + 4)'
     1 + 14
  exit:  ExpressionStatement '1 + 2 * (3 + 4)'
exit:  Program '1 + 2 * (3 + 4)'
```

```
exit:  File '1 + 2 * (3 + 4)'

1 + 2 * (3 + 4) = 15
```

リスト2.13の、enterとexitを良く見ておいてください。どういう順番で処理が行われるかが分かるはずです。

2.3.3 完成版

完成版では計算するコードは引数で渡すようにしています。

```
$ node ast-calc.js '1 + 2 * (3 + 4)'
```

のように起動してみてください。

リスト2.14: chapter1/ast-calc.js

```
 1: const {parse} = require('babylon')
 2:
 3: const code = process.argv.slice(2).join(' ')
 4:
 5: const isNode = obj => {
 6:   if (typeof obj !== 'object') {
 7:     return false
 8:   }
 9:
10:   if (Array.isArray(obj)) {
11:     return obj.find(v => isNode(v)) !== undefined
12:   }
13:
14:   while (obj && 'constructor' in obj) {
15:     if (obj.constructor.name === 'Node') {
16:       return true
17:     }
18:     obj = Object.getPrototypeOf(obj)
19:   }
20:   return false
21: }
22:
23: const getCode = node => code.substr(node.start, node.end -
node.start)
24:
```

```
25: const traverser = (node, exitVisitor, indent = 0) => {
26:   console.log(‘${' '.repeat(indent)}enter: ${node.type}
'${getCode(node)}'‘)
27:   if (!(node.type in exitVisitor)) {
28:     console.error(‘unknown type ${node.type}‘)
29:     console.log(JSON.stringify(node, null, '  '))
30:     process.exit(1)
31:   }
32:
33:   const res = {}
34:   Object.keys(node).forEach(key => {
35:     if (!isNode(node[key])) {
36:       return
37:     }
38:
39:     if (Array.isArray(node[key])) {
40:       res[key] = node[key].map(v => traverser(v, exitVisitor,
indent + 2))
41:     } else {
42:       res[key] = traverser(node[key], exitVisitor, indent + 2)
43:     }
44:   })
45:
46:   console.log(‘${' '.repeat(indent)}exit:  ${node.type}
'${getCode(node)}'‘)
47:   return exitVisitor[node.type](node, res, indent)
48: }
49:
50: const exitVisitor = {
51:   File: (node, res) => res.program,
52:   Program: (node, res) => res.body,
53:   ExpressionStatement: (node, res) => {
54:     const expr = node.expression
55:     return ‘${getCode(node)} = ${res.expression}‘
56:   },
57:   BinaryExpression: (node, res, indent) => {
58:     console.log(‘${' '.repeat(indent)} ${res.left}
${node.operator} ${res.right}‘)
59:     const {left, right} = res
60:     switch (node.operator) {
61:       case '+': return left + right
62:       case '*': return left * right
```

```
63:         case '-': return left - right
64:         case '/': return left / right
65:         case '%': return left % right
66:         default: throw new Error('対応してない二項演算子')
67:       }
68:     },
69:     NumericLiteral: (node, res, indent) => {
70:       console.log(`${' '.repeat(indent)}  value: ${node.value}`)
71:       return node.value
72:     }
73: }
74: 
75: const results = traverser(parse(code), exitVisitor)
76: console.log('')
77: results.forEach(result => console.log(result))
```

第3章　Babel系エコシステム弾丸ツアー

第2章では実際にBabylonを使ってASTに触れてみました。ASTエコスシステムはパーサーだけではありません。Babel系ツールをひととおり軽く説明します。もっとも大半のツールはとてもシンプルなので、ほとんど説明することはありません。

3.1　babel-core

第1章でも使ったbabel-core[1]は、名前のとおりBabelの機能の本体です。パーサー・トラバーサ・ジェネレータの全部を含んだものです。ソースコードを渡せばBabelプラグインを読み込んで実際にコードを変換してくれます。このとき、ASTとソースコード両方を生成するのでさらに色々手を加えることもできます。

```
$ npm i @babel/core -S
```

リスト3.1: chapter2/try-babel-core.js

```
1: const {transform} = require('@babel/core')
2:
3: const sourceCode = '1 + 2'
4: const opts = {plugins: []}
5:
6: const {code, ast, map} = transform(sourceCode, opts)
7: // code: 変換後のソースコード
8: // ast: 変換後のAST
9: // map: ソースマップ
```

`transform`には、ファイルから読み込む`transformFile`, `transformFileSync`, `transfomFromAst`などの亜種もあります。くわしくはhttps://babeljs.io/docs/usage/api/をご覧ください。

`transform`ではASTの加工はプラグイン任せです。リスト3.1ではプラグインを指定してい

1.https://babeljs.io/docs/core-packages/

ないため、何も加工されません[2]が、序章に書いたサンプルのように手軽にプラグインを作ってソースコードを変換する用途か、既存のプラグインを使うのにとても便利です。

3.1.1　.babelrc

Babelでは設定を.babelrcというファイルにJSON形式で記述するようになっています。

リスト3.2: .babelrc

```
{
    "presets": ["env", "power-assert"]
}
```

たとえば、このような設定ファイルがよく使われます。このオプションはtransformの引数でも同じです。

表3.1: 主なオプション

オプション名	デフォルト	中身
ast	true	ASTを出力するか？
babelrc	true	既にある.babelrcを読み込むかどうか。.babelrcを無視したければfalseを指定
code	true	codeを出力するか？（ASTのみならfalse）
generatorOpts	{}	babel-generatorのgenerate関数に渡すオプション
inputSourceMap	null	ソースマップを明示的に指定する
parseOpts	{}	Babylonのparseに渡すオプション
plugins	[]	プラグインを配列で指定
presets	[]	プリセットを配列で指定
sourceMaps	false	ソースマップを出力するかどうか？'inline'だとソース埋め込み

オプションを全部紹介するには紙面が足りないので、詳しくはhttps://babeljs.io/docs/usage/api/をご覧ください。

リスト3.3: プラグインオプション

```
1: const plugins = [
2:   ['plugin-A', {hoge: 1}],
3:   'plugin-B',
4:   ['plugin-C']
5: ]
```

`plugins`という大本の配列があって、3パターンの形式でプラグインを指定します。最初の

2. コード自体は加工されませんが、スタイルは変わります。これはオプション次第ですがソースコードのスタイルが変わる可能性があります。

plugin-Aはオプションを指定する唯一の方法です。オプションを指定しなければplugin-Bの形式が良いでしょう。

AST操作ツールの開発ではあまり.babelrcを意識しないとは思いますが、覚えておいて損はありません。

3.2 babel-generator

babel-generator[3]はBabel系のジェネレータ、つまりASTからソースコードを生成するツールです。

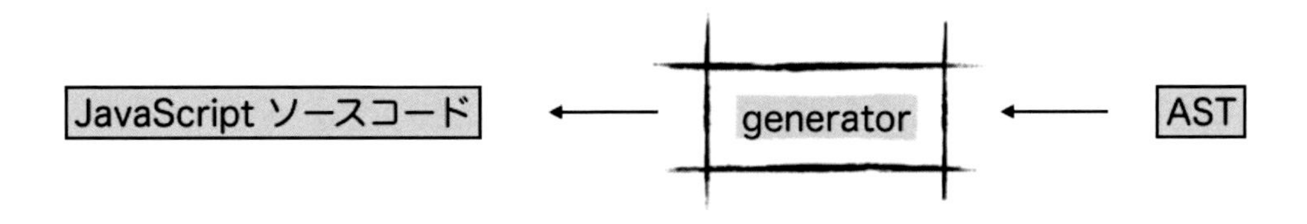


```
$ npm i @babel/generator -S
```

リスト3.4: chapter2/try-babel-generator.js

```
 1: const generate = require('@babel/generator').default
 2:
 3: const ast = {
 4:   type: 'ExpressionStatement',
 5:   expression: {
 6:     type: 'BinaryExpression',
 7:     operator: '+',
 8:     left: {type: 'NumericLiteral', value: 1},
 9:     right: {type: 'NumericLiteral', value: 2}
10:   }
11: }
12:
13: const {code, map} = generate(ast)
14: console.log(code)
15: // 1 + 2;
```

generateに指定するASTは、Babylonでパースしたもの、babel-coreのtransformで出し

3.https://www.npmjs.com/package/babel-generator

たASTや、babel-typesで生成したASTなどが使えます。

3.3 prettier

prettierはJavaScriptを初めとした色々な言語に対応したソースコードの整形ツールです。本来の使い方はソースコードを整形してそのままソースコードを書き戻すものですが、Babel系ASTに元々対応しているためジェネレータとしても使えます[4]。

```
$ npm i prettier -S
```

リスト3.5: chapter2/try-prettier.js

```
 1: const prettier = require('prettier')
 2: const {transform} = require('@babel/core')
 3:
 4: const src = 'console.log("hoge");'
 5:
 6: const code = prettier.format(src, {
 7:   semi: false,
 8:   singleQuote: true,
 9:   parser(text) {
10:     const {ast} = transform(text, {plugins: []})
11:     return ast
12:   }
13: })
14:
15: console.log(code)
16: // --> console.log('hoge')
```

リスト3.5ではソースコードからソースコードに変換しているだけですが、parser関数はASTさえ返せばそれがコードに変換されるものなので、引数とは無関係なASTを返しても大丈夫です。

リスト3.6: chapter2/try-prettier-with-dummy.js

```
const prettier = require('prettier')
const {transformFromAst} = require('@babel/core')

const rawAst = {
  type: 'Program',
```

4. 本来は別にBabelファミリーというわけではないです。https://github.com/prettier/prettier

```
  body: [{
    type: 'ExpressionStatement',
    expression: {
      type: 'BinaryExpression',
      operator: '+',
      left: {type: 'NumericLiteral', value: 1, extra: {raw: '1'}},
      right: {type: 'NumericLiteral', value: 2, extra: {raw: '2'}},
    }
  }]
}

const {ast} = transformFromAst(rawAst)

const code = prettier.format('dummy', {
  semi: false,
  singleQuote: true,
  parser(text) {
    return ast
  }
})

console.log(code)
// 1 + 2
```

元々がソースコードを整形するツールなので少し使い方が面倒ではありますが、babel-generatorの代わりにいかがでしょうか。

3.4 babel-traverse

babel-traverse[5]はBabel系のトラバーサ、つまりASTを再帰的に解析したり加工したりできるツールです。

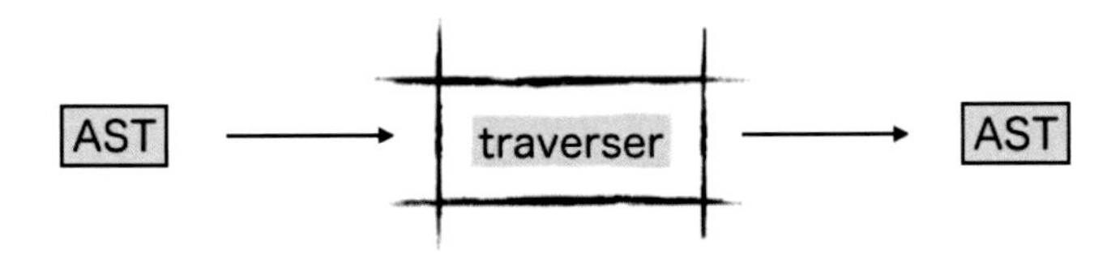

前の章では説明のために自作トラバーサを使いましたが、再起処理でこうやれば処理ができ

5.https://www.npmjs.com/package/babel-traverse

るという最低限のサンプルに過ぎません。ちゃんとしたトラバーサには色々と便利な機能があるので普通は既存のトラバーサを使います。

```
$ npm i @babel/traverse -S
```

やはり使い方は簡単です。

リスト3.7: chapter2/try-babel-traverse.js

```
 1: const babylon = require('babylon')
 2: const traverse = require('@babel/traverse').default
 3:
 4: const ast = babylon.parse('1 + 2')
 5:
 6: const visitor = {
 7:   BinaryExpression: (nodePath) => {
 8:     console.log(nodePath.node) // --> Node {....}
 9:   }
10: }
11:
12: traverse(ast, visitor)
```

7行目では引数にNodePath型が入っています。詳しくは後述しますがNodePath型は、Node型だけだと足りない情報を色々と補ってくれるものです[6]。

3.4.1 visitor

visitorはビジター関数の詰まったオブジェクトです。

リスト3.8: chapter2/visitor.js

```
 1: const {parse} = require('babylon')
 2: const traverse = require('@babel/traverse').default
 3:
 4: const src = '1 + 2'
 5:
 6: const ast = parse(src)
 7: const visitor = {
 8:   enter(nodePath) {
 9:     console.log(`enter: ${nodePath.type}`)
10:   },
```

6.Node型はBabylonで内部定義された型で、NodePathはbabel-traverseが定義する型です。NodePathはexportされているので参照できます。

```
11:   exit(nodePath) {
12:     console.log(‘exit:  ${nodePath.type}‘)
13:   },
14:   NumericLiteral: {
15:     enter(nodePath) {
16:       console.log('NumericLiteral enter')
17:     },
18:     exit(nodePath) {
19:       console.log('NumericLiteral exit')
20:     }
21:   },
22:   BinaryExpression(nodePath) {
23:     console.log('BinaryExpression enter')
24:   },
25: }
26:
27: traverse(ast, visitor)
```

ビジター関数は、あるNodeの処理開始時の`enter`と終了時の`exit`をそれぞれ指定できます。

まず`visitor`直下にある`enter/exit`は、全Nodeで入ったときと出るときに呼び出されます。これは強力ですが、Babelプラグインにはメインの`visitor`で指定するとエラーになるという制約[7]があります。

`enter/exit`以外の場合は、`NumericLiteral`や`BinaryExpression`のようなNode型のtype[8]を指定します。このラベル指定のとき、中身がオブジェクトであれば`enter`, `exit`のどちらかを指定してビジター関数を登録します。中身がそのまま関数であれば、`enter`として扱われます[9]。

リスト3.9: chapter2/visitor.result.txt

```
 1: enter: Program
 2: enter: ExpressionStatement
 3: enter: BinaryExpression
 4: BinaryExpression enter
 5: enter: NumericLiteral
 6: NumericLiteral enter
 7: exit:  NumericLiteral
 8: NumericLiteral exit
 9: enter: NumericLiteral
```

7. nodePath.traverse(innerVisitor) という呼び出しをすると enter, exit も使えます。
8. 実は他にも指定ができますがここでは置いておきましょう。
9. 言ってみれば、ちょっとした shorthand ですね

```
10: NumericLiteral enter
11: exit:  NumericLiteral
12: NumericLiteral exit
13: exit:  BinaryExpression
14: exit:  ExpressionStatement
15: exit:  Program
```

さて、visitor関数は第1引数がNodePath型だと説明しましたが、もう少し詳しく中を見てみましょう。NodePath側は循環参照要素も多くそのまま見ようとすると非常に長いので、ダイジェストで表示できるコードを作ってみましょう。

リスト3.10: chapter2/nodepath-inspector.js

```
 1: const {parse} = require('babylon')
 2: const traverse = require('@babel/traverse').default
 3:
 4: const src = 'const a = 1; hoge(a)'
 5:
 6: const ast = parse(src)
 7:
 8: const inspectProps = prop => {
 9:   const propType = typeof prop
10:
11:   if (propType === 'string') {
12:     return `'${prop}'`
13:   } else if (propType !== 'object' || !prop) {
14:     return prop
15:   } else if (prop.constructor.name === 'Object') {
16:     return JSON.stringify(prop)
17:   } else if (prop.constructor.name === 'Array') {
18:     return `[${prop.map(value => inspectProps(value)).join('
,')}]`
19:   } else {
20:     if ('type' in prop) {
21:       return `Object(${prop.constructor.name}) ${prop.type}`
22:     } else {
23:       return `Object(${prop.constructor.name})`
24:     }
25:   }
26: }
27:
28: const visitor = {
```

```
29:   // enter(nodePath) {
30:   // ひとまずCallExpressionだけ見てますが、enterとかを指定してみてもいい
でしょう。
31:   CallExpression(nodePath) {
32:     console.log(‘enter ${nodePath.type}‘)
33:     Object.keys(nodePath).sort().forEach(key => {
34:       console.log(‘  ${key}:  ${inspectProps(nodePath[key])}‘)
35:     })
36:   },
37: }
38:
39: traverse(ast, visitor)
40:
41: /* 結果
42: enter CallExpression
43:   container:  Object(Node) ExpressionStatement
44:   context:  Object(TraversalContext)
45:   contexts:  [Object(TraversalContext)]
46:   data:  {}
47:   hub:  undefined
48:   inList:  false
49:   key:  'expression'
50:   listKey:  undefined
51:   node:  Object(Node) CallExpression
52:   opts:
{"CallExpression":{"enter":[null]},"_exploded":true,"_verified":true}
53:   parent:  Object(Node) ExpressionStatement
54:   parentKey:  'expression'
55:   parentPath:  Object(NodePath) ExpressionStatement
56:   removed:  false
57:   scope:  Object(Scope)
58:   shouldSkip:  false
59:   shouldStop:  false
60:   skipKeys:  {}
61:   state:  undefined
62:   type:  'CallExpression'
63:   typeAnnotation:  null
64: */
```

NodePath型の変数nodePathからNode型を取得するのはnodePath.nodeです。visitor関数を書くときに最も使うでしょう。

CallExpressionの親はExpressionStatementです。親をNode型で取得するなら

nodePath.parentを使い、NodePath型でならばnodePath.parentPathを使います。

親から見た自分のキーはnodePath.parentKeyで取得できます。今回のキーは'expression'ですが、BinaryExpressionの子Nodeであれば、leftかrightが入っているでしょう。

CallExpressionには、呼び出される関数やメソッドを指すcalleeというメンバーが含まれていて、Node型で取得するならnodePath.node.calleeでいいのですが、NodePath型を取得するならnodePath.getメソッドを使います。nodePath.get('callee')で、calleeのNodePathが取得できます。

BlockやProgramのように配列で管理されている中の一部であれば、inListがtrueになり、keyが配列のインデックスになります。

表3.2: NodePath型

プロパティ	中身
type	Nodeのtypeと同じものが文字列として入っている
node	Nodeオブジェクト
parent	自分の親のNodeオブジェクト
parentPath	自分の親のNodePathオブジェクト
parentkey	自分の親から自分にアクセスするためのキー
get（pathname）	pathnameで指定した名前のNodePathを取得する
inList	自分が配列管理されているか？（true or false）
key	inListがtrueなら配列での添え字（整数）

表3.2が最もよく使われます。

この他、とても強力なものとしてscopeの指すScope型があります。そのNodeが属するスコープにおいてどの変数が宣言されているか、その変数が実際に使われているか、再代入が発生しているかどうかなさまざまな静的解析の情報を得られます。詳しくは第6章で説明します。

3.5 babel-types

babel-types[10]は、ASTを生成したり、Nodeの種別を判別できる便利なヘルパーのライブラリです。

```
$ npm i @babel/types -S
```

リスト3.11: chapter2/try-babel-types.1.js

```
1: const t = require('@babel/types')
```

10.https://babeljs.io/docs/core-packages/babel-types/

```
 2: const generate = require('@babel/generator').default
 3:
 4: const ast = t.binaryExpression('*', t.numericLiteral(1),
t.numericLiteral(2))
 5: const {code} = generate(ast)
 6: console.log(code) // --> 1 * 2
```

`t.binaryExpression`や`t.numericLiteral`はなんとなく分かると思いますが、Node型のtypeの先頭を小文字にしたものです。実際にはhttps://babeljs.io/docs/core-packages/babel-types/を読むといいですが、読まなくてもだいたい作りたいtypeさえわかれば先頭を小文字にするだけでいけるでしょう。

これで生成したASTはNode型ではなく単なるプレーンなオブジェクトです。babel-traverseのAST変換・追加メソッドや、babel-generatorに読み込ませることはできますが、prettierには対応していません。

`t.numericLiteral`などにはすべて判定用の関数とバリデーション用の関数が用意されています。

`NumericLiteral`の判定ならば`t.isNumericLiteral`です。`BinaryExpression`なら`isBinaryExpression`ですね。

さらに`NumericLiteral`は`Literal`でもあるため[11]、`t.isLiteral`で判定することもできます。

リスト3.12: chapter2/try-babel-types.2.js

```
 1: const {parse} = require('babylon')
 2: const traverse = require('@babel/traverse').default
 3: const t = require('@babel/types')
 4:
 5: const src = '1 + 2'
 6: const ast = parse(src)
 7:
 8: traverse(ast, {
 9:   BinaryExpression: (nodePath) => {
10:     const {left, right, operator} = nodePath.node
11:     if (t.isLiteral(left) && t.isLiteral(right)) {
12:       console.log(eval(`${left.value} ${operator}
${right.value}`))
13:     }
14:   }
```

11. エイリアス（alias）といいます

```
15: })
16: // --> 3
```

実際にBabelではどういうtypeが存在しているかはAST explorerにソースコードを読み込ませるのもいいのですが、一番早いのはbabel-typesのソースコードを見ることです。

https://github.com/babel/babel/tree/master/packages/babel-types/src/definitionsにはそれぞれの種別ごとの定義が書かれています。

表3.3: type抜粋

type名	内容	例	エイリアス
AssignmentExpression	代入式	`left = right`	Expression
BinaryExpression	二項演算子	`left * right`	Expression
Identifier	変数・プロパティなど何かの名前	`let hoge`の`hoge`	Expression など
StringLiteral	文字列リテラル	`"hoge"`や`'fuga'`	Literal, Expression など
NumericLiteral	数値リテラル	`42`や`10.4`	Literal, Expression など

3.6 参照リンク

Babel関連の情報は、babeljs.ioかGitHubのリポジトリにまとめられています。本書ではそれらを読んで得た知見を記しているつもりですが、以下がその一次ソースとしての参照リンクです。

- https://babeljs.io/docs/core-packages/
- https://babeljs.io/docs/usage/api/
- https://github.com/thejameskyle/babel-handbook/blob/master/translations/en/plugin-handbook.md
- https://github.com/babel/babel/tree/master/packages
- https://github.com/babel/babylon/blob/master/ast/spec.md
- https://github.com/babel/babel/tree/master/packages/babel-types/src/definitions

第4章　Babelプラグイン

第１章で作ったように、Babelのプラグインは第３章で紹介したツール群があればとても簡単に作ることができます。この章の前半部分ではBabelプラグインの作り方を説明し、後半では実際にプラグインを作ってみましょう。

4.1　作り方

第1章ではvisitorの入ったオブジェクトを返す関数を作りましたが、実はオブジェクトそのままでもプラグインとしては有効です。ただ、関数の方が色々と便利です。

リスト4.1: chapter3/babel-plugin-object.js

```
 1: const {transform} = require('@babel/core')
 2:
 3: const plugin = {
 4:   visitor: {
 5:     BinaryExpression: nodePath => {
 6:       console.log(nodePath.node.operator) // --> +
 7:     },
 8:   },
 9: }
10:
11: transform('1 + 2', {plugins: [plugin]})
```

関数によるプラグインであれば、引数に渡ってくるのはオブジェクトでbabel-coreがrequireしているbabel-traverseやbabel-types、babel-templateなどが詰まっています。

つまりBabelのプラグインを作る場合、自前でbabel-traverseやbabel-typesをインストールしたりrequireする必要はありません。なぜかBabylonは含まれていないので、もしもBabylonでparseしたい場合は自前でrequireする必要があります。

リスト4.2: chapter3/babel-plugin-func.js

```
 1: const {transform} = require('@babel/core')
```

```
 2:
 3: const plugin = babel => {
 4:   const {traverse, types: t, template, version} = babel
 5:   console.log(version)                          // --> 7.0.0-beta.3
 6:
 7:   return {
 8:     visitor: {
 9:       BinaryExpression: nodePath => {
10:         console.log(t.isExpression(nodePath)) // --> true
11:         console.log(nodePath.node.operator)   // --> +
12:       },
13:     },
14:   }
15: }
16:
17: transform('1 + 2', {plugins: [plugin]})
```

babelプラグインのオブジェクトのプロパティはvisitorだけではありません。

リスト4.3: name

```
 1: const plugin = {
 2:   inherits,
 3:   visitor,
 4:   name: 'my-plugin-name',
 5:   pre() {
 6:     //前処理
 7:   },
 8:   post() {
 9:     //後処理
10:   }
11: }
```

それぞれ見ていきましょう。

4.1.1 name

nameでプラグインの名前を付けます。リスト4.3ならmy-plugin-nameという名前のプラグインになります。

4.1.2 pre

preはtraverseする前に呼び出される関数です。

リスト4.4: chapter3/pre.js

```
 1: const {transform} = require('@babel/core')
 2:
 3: const plugin = babel => {
 4:   return {
 5:     pre() {
 6:       console.log('pre', this.constructor.name) // --> pre
PluginPass
 7:       this.hoge = 'hoge'
 8:     },
 9:     visitor: {
10:       Program: (nodePath, state) => {
11:         console.log(state.constructor.name) // --> PluginPass
12:         console.log(state.hoge)             // --> hoge
13:       },
14:     },
15:   }
16: }
17:
18: transform('1 + 2', {plugins: [plugin]})
```

preの中でのthisはbabel-coreで定義されるPluginPass型で、ビジター関数の第2引数に渡されます。

注意点としては、thisで処理しなければならないのでアロー関数で記述することはできません。

4.1.3 post

postはtraverseした後に呼び出される関数です。

リスト4.5: chapter3/post.js

```
 1: const {transform} = require('@babel/core')
 2:
 3: const plugin = babel => {
 4:   return {
 5:     pre() {
 6:       this.hoge = 'hoge'
 7:     },
 8:     visitor: {
 9:       Program: (nodePath, state) => {
10:         state.hoge = 'ほげ'
11:       },
```

```
12:     },
13:     post() {
14:       console.log(this.hoge) // --> ほげ
15:     }
16:   }
17: }
18:
19: transform('1 + 2', {plugins: [plugin]})
```

ビジター関数ではstateを書き換えることもできます。postではそれをそのまま取得できるので、たとえばコード解析に利用できます。

4.1.4 inherits

Babelでは、あるプラグインがあることを前提に動作させることができます。

たとえば`babel-plugin-syntax-typescript`を指定すれば、TypeScriptを処理できるプラグインになります。

```
$ npm i @babel/plugin-syntax-typescript -S
```

リスト4.6: chapter3/inherits.js

```
 1: const {transform} = require('@babel/core')
 2: const syntaxTypeScript =
require('@babel/plugin-syntax-syntaxTypeScript').default
 3:
 4: const plugin = babel => {
 5:   return {
 6:     inherits: syntaxTypeScript,
 7:     visitor: {
 8:       VariableDeclarator: (nodePath) => {
 9:         console.log(nodePath.node.id.typeAnnotation.type) // -->
TSTypeAnnotation
10:       },
11:     },
12:   }
13: }
14:
15: transform('let hoge: Hoge', {plugins: [plugin]})
```

`TSTypeAnnotation`はTypeScriptの型アノテーションの名前です。inheritsを指定しなければばこれを取得することはできません。

babel-plugin-syntax-flowというプラグインもありますが、TypeScriptとFlowは競合するので、どちらか片方しか指定することができません。

4.2 traverseを叩いたときのstateとの違い

ビジター関数のstateは、実はtraverseを叩くときの第2引数そのものです。プラグインの場合はbabel-coreがtraverseにPluginPassを指定しているので、stateはPluginPass型のオブジェクトなのです。

それ以外の事例、たとえばtraverseを直接叩く場合は第2引数に任意のオブジェクトを渡せます。

リスト4.7: chapter3/traverse-state.js

```
 1: const {transform} = require('@babel/core')
 2:
 3: const plugin = babel => {
 4:   return {
 5:     pre() {
 6:       this.hoge = 'hoge'
 7:     },
 8:     visitor: {
 9:       Program: (nodePath, state) => {
10:         nodePath.traverse({
11:           BinaryExpression: (innerPath, innerState) => {
12:             console.log('inner', innerState) // --> {fuga:
'FUGA'}
13:           }
14:         }, {fuga: 'FUGA'})
15:         console.log(state.constructor.name) // --> PluginPass
16:         console.log(state.hoge)             // --> hoge
17:       },
18:     },
19:   }
20: }
21:
22: transform('1 + 2', {plugins: [plugin]})
```

4.3 プラグインオプションの取得方法

プラグインのオプションはPluginPass型のoptsに含まれているので、メインのビジター関数であれば、`state.opts`で取得できます。

リスト4.8: chapter3/state-opts.js

```
 1: const {transform} = require('@babel/core')
 2: 
 3: const plugin = babel => {
 4:   return {
 5:     visitor: {
 6:       Program: (nodePath, state) => {
 7:         console.log(state.opts) // --> { hoge: 'hoge' }
 8:       },
 9:     },
10:   }
11: }
12: 
13: const plugins = [
14:   [plugin, {hoge: 'hoge'}]
15: ]
16: 
17: transform('1 + 2', {plugins})
```

babelプラグインのオプションは少し特殊な指定方法をしています。配列の1つめにプラグイン、2つめのオプションを渡すのです[1]。

4.4 BabelプラグインとしてInjectorプラグインを作ってみる

Babelプラグインの作り方を説明してきました。それでは実際にプラグインを作ってみましょう。

今回作るInjectorプラグインはDIを実現するもので、指定したソースコードに手を加えず、中の変数宣言・関数宣言・クラス宣言を置換したり、コードの最後に新しいコードを追加できるというものです。テストやデバッグに便利です。

Injectorプラグインでは、まさにASTという題材をお手軽に楽しめると思います。

4.4.1 DI（Dependency Injection）

Dependency Injectionを日本語で表現すると依存性注入ですが、依存性というのは、実際に

1. 他の言語であればタプルというデータ構造が用意されていたりするのですが……。

は何らかのオブジェクトやプリミティブ値や関数です。対象を動かすときに依存する物だから依存性です。

たとえばNode.jsでファイルを読み込むには、`const fs = require('fs')`でfsのモジュールを読み込んで、`fs.readFile('hoge.js')`のようにfsモジュールのファイルを読み込む関数を叩くのが一般的です。

このとき`const fs = require('dummy-fs')`というように、実際のファイルI/Oを発生させないダミー（モック）を流し込めれば、対象のソースコードを変更しなくてもユニットテストしやすくなります。これを動的書き換えやASTを使わずに行うとどうなるでしょうか？たとえばクラスのコンストラクタにfsを渡すようにする仕組みなどがよくあるパターンですね。DIはもともとデザインパターンの一種です。

JavaScriptにはASTというとても強い味方がいるので、スマートにDIを実現できます。

4.4.2　変数定義を置換してみる

まずは変数定義を置き換えてみます。

変数定義はVariableDeclarationとVariableDeclaratorの二段構成です。`var a, b = 0`のような定義をした場合、1つのVariableDeclaration（`kind`が`'var'`）の下に`a`をIDとしてもつVariableDeclaratorと`b`をIDとしてもつVariableDeclaratorがそれぞれぶら下がります。

図4.1: VariableDeclarationとVariableDeclarator

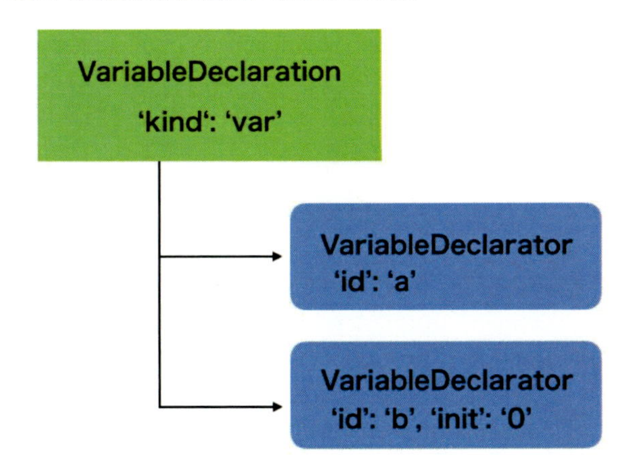

VariableDeclaratorのinitには変数の初期化のNodeが入っているので、ここを置換すれば変数定義を変更できます。

リスト4.9: chapter3/replace-variable-init.js

```
1: const {transform} = require('@babel/core')
2: const {parseExpression} = require('babylon')
3:
```

```
 4: const source = 'const hoge = require("hoge")'
 5:
 6: const targetId = 'hoge'
 7: const replaceCode = 'require("dummy-hoge")'
 8:
 9: const plugin = ({types: t, template}) => {
10:   return {
11:     visitor: {
12:       VariableDeclarator: (nodePath, state) => {
13:         if (t.isIdentifier(nodePath.node.id) &&
nodePath.node.id.name === targetId) {
14:           const newAst = parseExpression(replaceCode)
15:           nodePath.get('init').replaceWith(newAst)
16:         }
17:       },
18:     },
19:   }
20: }
21:
22: console.log(transform(source, {plugins: [plugin]}).code)
23: // --> const hoge = require("dummy-hoge");
```

もともとのソースでは`require("hoge")`で初期化されていた`hoge`を`require("dummy-hoge")`に置き換えました。もちろん`require`に限らずさまざまな式に置換できます。

`t.isIdentifier(nodePath.node.id)`を使って、idがIdentifierかどうかを確かめています。もしも`const {hoge} = require('hoge')`のように、オブジェクトの分割代入の場合、`nodePath.node.id`には`ObjectPattern`が入っていたりしてとても面倒です。実用で使うならばObjectPatternの場合の解析も必要になりますが、今回は単純にIdentifierが入っていると決め打ちしてしまいましょう。

`newAst`は書き換えるコードのASTです。babel-templateを使えば簡単に生成できます。

`nodePath.get('init')`で`VariableDeclarator`の`init`のNodePathを取得しています。さきほども説明したとおり、`init`は初期化式のNodeなので、これを`replaceWith(newAst)`で置き換えます。

たった数行で変数定義の初期化式を書き換えることができました。Babelエコシステムのおかげです。

4.4.3 関数定義を置換してみる

次に、関数定義を書き換えてみましょう。関数定義はFunctionDeclarationです。今度は一部を書き換えるだけじゃなくて関数定義の全体を書き換えます。

リスト4.10: chapter3/replace-function.js

```
 1: const {transform} = require('@babel/core')
 2:
 3: const source = 'function hoge() {return 1}'
 4:
 5: const targetId = 'hoge'
 6: const replaceCode = 'function hoge() {return 2}'
 7:
 8: const WasCreated = Symbol('WasCreated')
 9:
10: const plugin = ({types: t, template}) => {
11:   return {
12:     visitor: {
13:       FunctionDeclaration: (nodePath, state) => {
14:         if (nodePath[WasCreated] ||
!t.isIdentifier(nodePath.node.id)) {
15:           return
16:         }
17:         if (nodePath.node.id.name === targetId) {
18:           const newAst = template(replaceCode)()
19:           nodePath.replaceWith(newAst)
20:           nodePath[WasCreated] = true
21:         }
22:       },
23:     }
24:   }
25: }
26:
27: console.log(transform(source, {plugins: [plugin]}).code)
28: // --> function hoge() {
29: //       return 2;
30: //     }
```

WasCreatedはそれが作られたものなのかを判定するためのキーで、nodePath[WasCreated] = trueでマークを付けて、if (nodePath[WasCreated] || ...)でマークが付いていれば処理をそこでやめます。すでに置換処理後だからです。

NodeやNodePathのどちらにマークを付けても実用上問題はありません。

今回は関数定義を関数定義に置き換えていますが、replaceCodeに任意の文を書いておけばそれに書き換わります。

4.4.4 クラス定義も置き換えてみよう

クラス定義は関数定義と内容がほぼ同じです。

visitorのラベルには`'FunctionDeclaration|ClassDeclaration'`のように複数の識別子をまとめる指定方法もあるので、その書き方に換えてみましょう。

リスト4.11: chapter3/replace-function-class.js

```
 1: const {transform} = require('@babel/core')
 2:
 3: const source = 'class Hoge {}'
 4:
 5: const targetId = 'Hoge'
 6: const replaceCode = 'class Hoge{ hoge() { return "hoge" } }'
 7:
 8: const WasCreated = Symbol('WasCreated')
 9:
10: const plugin = ({types: t, template}) => {
11:   return {
12:     visitor: {
13:       'FunctionDeclaration|ClassDeclaration': (nodePath, state)
=> {
14:         if (nodePath[WasCreated] ||
!t.isIdentifier(nodePath.node.id)) {
15:           return
16:         }
17:         if (nodePath.node.id.name === targetId) {
18:           const newAst = template(replaceCode)()
19:           nodePath.replaceWith(newAst)
20:           nodePath[WasCreated] = true
21:         }
22:       },
23:     }
24:   }
25: }
26:
27: console.log(transform(source, {plugins: [plugin]}).code)
28: // --> class Hoge {
29: //       hoge() {
30: //         return "hoge";
31: //       }
32: //
33: //     }
```

4.4.5 コードを最初や最後に挿入する

コードを一番最初や最後に挿入するのであればとても簡単です。Program Nodeをexitする時に、nodePath.pushContainer（先頭ならnodePath.unshiftContainer）というメソッドを叩けば良いのです。

リスト4.12: chapter3/insert-last.js

```
 1: const {transform} = require('@babel/core')
 2:
 3: const source = 'console.log(1)'
 4:
 5: const insertCode = 'console.log(2)'
 6:
 7: const plugin = ({types: t, template}) => {
 8:   return {
 9:     visitor: {
10:       Program: {
11:         exit: (nodePath, state) => {
12:           const newAst = template(insertCode)()
13:           nodePath.pushContainer('body', newAst)
14:         }
15:       },
16:     }
17:   }
18: }
19:
20: console.log(transform(source, {plugins: [plugin]}).code)
21: // --> console.log(1);
22: //     console.log(2);
```

それ以外の位置へ挿入したい場合は、どうやって場所を指定するか悩ましいところです。たとえば行番号では、対象のソースコードを変更すると簡単に壊れてしまいます。

4.4.6 オプションで指定できるようにする

さて、targetIdやreplaceCodeで直接指定しているのは、これがサンプルコードだからです。プラグインとして実用的に作るならプラグインオプションで指定できるようにします。

リスト4.13: option

```
1: const options = {
2:   replace: {
3:     'const hoge =': '1 + 2',
```

```
 4:     'function fuga': 'function piyo() {}',
 5:     'class Foo': 'class Foo {}'
 6:   },
 7:   insert: {
 8:     last 'exports.hooks.hoge = hoge'
 9:   }
10: }
11:
12: transform(src, {
13:   plugins: [
14:     [plugin, options]
15:   ]
16: })
```

オプションはPluginPass型に含まれているので、リスト4.13で指定したオプションなら、ビジター関数の第2引数経由で`state.opts.replace['const hoge =']`や`state.opts.insert.last`という形で取得できます。

4.4.7 完成版

ここまで書いたことでひととおりプラグインを作ることができます。リスト4.14でBabelプラグインとして完成です。

これに手を加えた筆者版のDIプラグインを、https://github.com/erukiti/babel-plugin-dependency-injection というリポジトリで公開しています。

リスト4.14: chapter3/babel-plugin-di.js

```
 1: const {parseExpression} = require('babylon')
 2:
 3: const WasCreated = Symbol('WasCreated')
 4:
 5: const plugin = ({types: t, template, version}) => {
 6:   const visitor = {
 7:     Program: {
 8:       exit: (nodePath, state) => {
 9:         if (state.inserters.last) {
10:           const newAst = template(state.inserters.last)()
11:           nodePath.pushContainer('body', newAst)
12:         }
13:       },
14:     },
15:     VariableDeclarator: (nodePath, state) => {
```

```
16:         const {kind} = nodePath.parent
17:
18:         if (t.isIdentifier(nodePath.node.id)) {
19:           const replaceCode =
20:             state.replacers[‘${kind} ${nodePath.node.id.name} =‘]
21:           if (replaceCode) {
22:             const newAst = parseExpression(replaceCode)
23:             nodePath.get('init').replaceWith(newAst)
24:           }
25:         }
26:       },
27:       'FunctionDeclaration|ClassDeclaration': (nodePath, state) =>
{
28:         if (nodePath[WasCreated] ||
!t.isIdentifier(nodePath.node.id)) {
29:           return
30:         }
31:         const optId = {
32:           FunctionDeclaration: 'function',
33:           ClassDeclaration: 'class',
34:         }
35:
36:         const replaceCode =
37:           state.replacers[‘${optId[nodePath.type]}
${nodePath.node.id.name}‘]
38:         if (replaceCode) {
39:           const newAst = template(replaceCode)()
40:           nodePath.replaceWith(newAst)
41:           nodePath[WasCreated] = true
42:         }
43:       },
44:     }
45:
46:     return {
47:       name: 'dependency-injection',
48:       visitor,
49:       pre() {
50:         this.inserters = Object.assign({}, this.opts.insert)
51:         this.replacers = Object.assign({}, this.opts.replace)
52:       },
53:     }
54: }
```

```
55:
56: module.exports = plugin
```

4.4.8 動作確認

リスト4.15: chapter3/test-di.js

```
 1: const {transform} = require('@babel/core')
 2:
 3: const opts = {
 4:   replace: {
 5:     'const hoge =': '"const hoge replaced"',
 6:     'function fuga': 'function fuga() {console.log("function fuga
replaced")}',
 7:     'class Piyo': `
 8:       class Piyo {
 9:         constructor() {
10:           console.log('class Piyo replaced')
11:         }
12:         get() {
13:           return 'piyo'
14:         }
15:       }
16:     `,
17:   },
18:   insert: {
19:     last: 'module.exports.Piyo = Piyo',
20:   },
21: }
22:
23: const src = `
24: const hoge = 'hoge'
25:
26: console.log(hoge)
27:
28: function fuga() {
29:     console.log('fuga')
30: }
31:
32: fuga()
33:
```

```
34: class Piyo {
35:     constructor() {
36:         console.log('piyo')
37:     }
38:
39:     get() {
40:         return null
41:     }
42: }
43: `
44:
45: console.log('before:')
46: console.log(src)
47:
48: const {code} = transform(src, {
49:   plugins: [[require('./babel-plugin-di.js'), opts]],
50: })
51: console.log('\nafter:')
52: console.log(code)
```

4.5 Babelプラグインをパッケージ化する

Babelプラグインは通常、npmのパッケージとして使われます。npmパッケージを作成するためには、まずpackage.jsonが必要です。

リスト4.16: chapter3/package.json

```
 1: {
 2:     "name": "babel-plugin-sample-di",
 3:     "version": "0.1.0",
 4:     "description": "Babel plugin sample",
 5:     "main": "src/index.js",
 6:     "scripts": {
 7:     },
 8:     "keywords": ["babel", "plugin"],
 9:     "repository": {
10:     },
11:     "author": "",
12:     "license": ""
13:   }
```

最低限のプロパティは説明しますが、一度はhttps://docs.npmjs.com/files/package.jsonに目を通しておく方がいいでしょう。

4.5.1 name

パッケージ名です。Babelプラグインには、先頭に`babel-plugin-`と付けることが習慣になっています。npmパッケージを公開するときは、他のパッケージ名と重複しないように気をつける必要があります。

4.5.2 version

パッケージ公開をする時は、前回よりも必ずバージョンを上げる必要があります。バージョンナンバーは、セマンティックバージョン[2]に従いましょう。`x.y.z`というバージョンであれば、xがメジャーバージョンでyがマイナーバージョン、zがパッチバージョンです。

もし互換性が途切れる変更がある場合は、必ずメジャーバージョンを上げましょう。ただ最近は互換性が途切れなくても、年次リリースという形で毎年メジャーバージョンを上げるプロダクトも多いです。

マイナーバージョンは、互換性は変わらず機能追加やある程度の大きな修正をした時に上げます。

パッチバージョンはちょっとした修正レベルのときにあげます。

4.5.3 description

簡単な説明です。npmで公開する場合よほどのことが無い限りは英語です。プライベートなパッケージなどであれば日本語でも構いません。

4.5.4 main

エントリポイントです。トランスパイルの必要がない場合は元々のソースを指して、トランスパイルが必要な場合はトランスパイル後のファイルを指すようにしましょう。

4.5.5 scripts

トランスパイルが必要であれば`build`を指定することが多いです。

```
$ npm run build
```

2.http://semver.org/lang/ja/

4.5.6 keywords

npmに登録されるキーワードです。

4.5.7 repository

GitHubのリポジトリなどを指定しましょう。

4.5.8 author

作者の名前と連絡先です。

4.5.9 license

ライセンスの指定です。MITやApacahe-2.0などを選ぶといいでしょう。https://spdx.org/licenses/の一覧にある`Identifier`を選ぶ必要があります。

4.6 npm publish

https://www.npmjs.com/signupでサインアップをしてから、`npm adduser`コマンドを叩きます

```
$ npm adduser
```

あとは動作確認を済ませたら公開するだけです。

```
$ npm publish
```

バージョンアップも同じコマンドです。

4.7 Babelプラグインの自動テスト

https://github.com/babel-utils/babel-plugin-testerがオススメらしい[3]です。

4.8 require hack

さて、プラグインとしてはこれで完成ですが動的に書き換えると便利です。指定しましょう。

```
$ npm i @babel/register -S
```

3. 筆者はまだ試せていないのでなんともいえません。時間ができれば試してQiitaにでも記事を書いてみたいところです。

リスト4.17: babel-registerを使ったもの

```
1: // injectorPlugin と injectorOptionsを設定しておく
2:
3: require('@babel/register')({
4:     plugins: [injectorPlugin, injectorOptions]
5: })
```

第5章　最適化プラグインを簡単に作ってみよう

babel-traverseには最適化や解析の機能が最初から備えられています。特にBabelプラグインでは、とても簡単にコードの最適化が実装できます。

5.1　超お手軽実装編

5.1.1　NodePath.evaluate

NodePath型にはevaluateというメソッドがあり、静的に計算できるものは勝手に計算してくれる、という便利メソッドです。四則演算はもちろん、リテラルで初期化された変数を展開できます。

リスト5.1: evaluate

```
const {confident, value} = nodePath.evaluate()
```

うまく評価（evaluate）できていれば`confident`が`true`になり、評価結果が`value`に入ります。

5.1.2　valueToLiteral

`value`はJavaScriptのプレーンなデータが入っているので、そのままではreplaceWithに入れることができません。そこでvalueをリテラルなASTに変換する関数を作っておきます。

リスト5.2: chapter4/value-to-literal.js

```
1: const plugin = ({types: t}) => {
2:   const toLiterals = {
3:     string: value => t.stringLiteral(value),
4:     number: value => t.numericLiteral(value),
5:     boolean: value => t.booleanLiteral(value),
6:     null: value => t.nullLiteral(),
7:   }
8:
9:   const valueToLiteral = value => toLiterals[typeof value](value)
```

```
10: }
```

5.1.3 実際に変換してみる

リスト5.3: chapter4/evaluate-visitor.js

```
 1: const evaluateVisitor = {
 2:   exit: (nodePath) => {
 3:     // 一度変換したやつやそもそも変換できないものはいじらない
 4:     if (t.isImmutable(nodePath.node)) {
 5:       return
 6:     }
 7: 
 8:     const {confident, value} = nodePath.evaluate()
 9:     if (confident && typeof value !== 'object') {
10:       nodePath.replaceWith(valueToLiteral(value))
11:     }
12:   },
13: }
```

evaluateで評価した結果オブジェクトが返ってきたときは、ASTを置換しません。たとえば、配列リテラルなどの場合オブジェクト[1]が返ってくるためです。

5.1.4 超絶お手軽コースの完成サンプル

リスト5.4: chapter4/easy-optimizer.js

```
 1: const {transform} = require('@babel/core')
 2: 
 3: const optimizePlugin = ({types: t}) => {
 4:   const toLiterals = {
 5:     string: value => t.stringLiteral(value),
 6:     number: value => t.numericLiteral(value),
 7:     boolean: value => t.booleanLiteral(value),
 8:     null: value => t.nullLiteral(),
 9:   }
10: 
11:   const valueToLiteral = value => toLiterals[typeof value](value)
12: 
```

1.JSにおける配列はオブジェクト型です。

```
13:   const evaluateVisitor = {
14:     exit: (nodePath) => {
15:       if (t.isImmutable(nodePath.node)) {
16:         return
17:       }
18: 
19:       const {confident, value} = nodePath.evaluate()
20:       if (confident && typeof value !== 'object') {
21:         nodePath.replaceWith(valueToLiteral(value))
22:       }
23:     },
24:   }
25: 
26:   return {
27:     visitor: {
28:       exit: (nodePath) => {
29: 
30:       },
31:       Program: (nodePath) => {
32:         nodePath.traverse(evaluateVisitor)
33:       },
34:     }
35:   }
36: }
37: 
38: const source = `
39: const a = 1 + 2 * 3 / 4
40: console.log(a)
41: let b = a + 2
42: console.log(b)
43: `
44: 
45: const {code} = transform(source, {plugins: [optimizePlugin]})
46: console.log(code)
47: 
48: /* 結果:
49: const a = 2.5;
50: console.log(2.5);
51: let b = 4.5;
52: console.log(4.5);
53: */
```

どうせなら'const a'や'let b'の宣言も消してくれればいいのですが、evaluateだけではそこまではしてくれません。

5.2 変数の静的解析情報を使って、もう少しがんばってみる

Binding型には変数の静的解析情報があるので、少しのコードで不要な変数宣言の削除などもできます。もう少し頑張ってみましょう。

リスト5.5: chapter4/optimizer.js

```
 1: const {transform} = require('@babel/core')
 2:
 3: const source = `
 4: const a = 1 + 2 * 3 / 4
 5: console.log(a)
 6: let b = a + 2
 7: console.log(b)
 8: `
 9:
10: const optimizePlugin = ({types: t}) => {
11:   const toLiterals = {
12:     string: value => t.stringLiteral(value),
13:     number: value => t.numericLiteral(value),
14:     boolean: value => t.booleanLiteral(value),
15:     null: value => t.nullLiteral(),
16:   }
17:
18:   const valueToLiteral = value => toLiterals[typeof value](value)
19:
20:   const searchPrevNodes = (nodePath, conditionPaths) => {
21:     const statement = nodePath.getStatementParent()
22:     if (!statement) {
23:       return []
24:     }
25:     return statement.getAllPrevSiblings().filter(p => {
26:       return (
27:         conditionPaths.filter(v => v.node.start ===
p.node.start).length > 0
28:       )
29:     })
30:   }
31:
32:   const evaluateVisitor = {
```

```
33:     exit: nodePath => {
34:       if (t.isImmutable(nodePath.node)) {
35:         return
36:       }
37:
38:       nodePath.scope.crawl()
39:       const {confident, value} = nodePath.evaluate()
40:       if (confident) {
41:         nodePath.replaceWith(valueToLiteral(value))
42:       }
43:     },
44:     ReferencedIdentifier: nodePath => {
45:       nodePath.scope.crawl()
46:       const {name} = nodePath.node
47:       if (name in nodePath.scope.bindings) {
48:         const binding = nodePath.scope.bindings[name]
49:         const violations = searchPrevNodes(nodePath,
binding.constantViolations)
50:         if (violations.length > 0) {
51:           return
52:         }
53:         const {confident, value} =
binding.path.get('init').evaluate()
54:         if (confident) {
55:           nodePath.replaceWith(valueToLiteral(value))
56:         }
57:       }
58:     },
59:     AssignmentExpression: {
60:       exit: nodePath => {
61:         nodePath.scope.crawl()
62:         if (!nodePath.get('left').isIdentifier()) {
63:           return
64:         }
65:         const {name} = nodePath.node.left
66:         if (!(name in nodePath.scope.bindings)) {
67:           return
68:         }
69:         const binding = nodePath.scope.bindings[name]
70:         const refs = searchPrevNodes(nodePath,
binding.referencePaths)
71:         if (refs.length > 0) {
```

```
72:           return
73:         }
74:         const {operator, right} = nodePath.node
75:         let init
76:         if (operator === '=') {
77:           init = right
78:         } else {
79:           const left = binding.path.node.init
80:           init = t.binaryExpression(operator.substr(0, 1), left, 
right)
81:         }
82:         binding.path.get('init').replaceWith(init)
83:         nodePath.remove()
84:       },
85:     },
86:   }
87: 
88:   return {
89:     visitor: {
90:       Program: nodePath => {
91:         nodePath.traverse(evaluateVisitor)
92:       },
93:       VariableDeclarator: {
94:         enter: nodePath => {
95:           nodePath.scope.crawl()
96:           if (nodePath.get('id').isIdentifier()) {
97:             const {name} = nodePath.node.id
98:             if (name in nodePath.scope.bindings) {
99:               const binding = nodePath.scope.bindings[name]
100:               if (binding.references === 0) {
101:                 nodePath.remove()
102:               }
103:             }
104:           }
105:         },
106:       },
107:     },
108:   }
109: }
110: 
111: console.log(transform(source, {plugins: [optimizePlugin]}).code)
112: 
```

```
113: /* 結果:
114: console.log(2.5);
115: console.log(4.5);
116: */
```

著者紹介

佐々木 俊介（ささき しゅんすけ）

高校生のときにパソ通にハマリ、その後紆余曲折を経てテキストエディタやMSXエミュレータその他を開発。技術者として勤務した後、現在はフリーでJavascript関連のプログラマー。著書に『最新JavaScript開発～ES2017対応モダンプログラミング』（インプレスR&D）。

◎本書スタッフ
アートディレクター/装丁：岡田章志＋GY
編集協力：飯嶋玲子
デジタル編集：栗原 翔

技術の泉シリーズ・刊行によせて

技術者の知見のアウトプットである技術同人誌は、急速に認知度を高めています。インプレスR&Dは国内最大級の即売会「技術書典」（https://techbookfest.org/）で頒布された技術同人誌を底本とした商業書籍を2016年より刊行し、これらを中心とした『技術書典シリーズ』を展開してきました。2019年4月、より幅広い技術同人誌を対象とし、最新の知見を発信するために『技術の泉シリーズ』へリニューアルしました。今後は「技術書典」をはじめとした各種即売会や、勉強会・LT会などで頒布された技術同人誌を底本とした商業書籍を刊行し、技術同人誌の普及と発展に貢献することを目指します。エンジニアの"知の結晶"である技術同人誌の世界に、より多くの方が触れていただくきっかけになれば幸いです。

株式会社インプレスR&D
技術の泉シリーズ　編集長 山城 敬

●お断り
掲載したURLは2018年4月27日現在のものです。サイトの都合で変更されることがあります。また、電子版ではURLにハイパーリンクを設定していますが、端末やビューアー、リンク先のファイルタイプによっては表示されないことがあります。あらかじめご了承ください。
●本書の内容についてのお問い合わせ先
株式会社インプレスR&D　メール窓口
np-info@impress.co.jp
件名に「『本書名』問い合わせ係」と明記してお送りください。
電話やFAX、郵便でのご質問にはお答えできません。返信までには、しばらくお時間をいただく場合があります。なお、本書の範囲を超えるご質問にはお答えしかねますので、あらかじめご了承ください。
また、本書の内容についてはNextPublishingオフィシャルWebサイトにて情報を公開しております。
http://nextpublishing.jp/

●落丁・乱丁本はお手数ですが、インプレスカスタマーセンターまでお送りください。送料弊社負担に てお取り替えさせていただきます。但し、古書店で購入されたものについてはお取り替えできません。
■読者の窓口
インプレスカスタマーセンター
〒 101-0051
東京都千代田区神田神保町一丁目 105番地
TEL 03-6837-5016／FAX 03-6837-5023
info@impress.co.jp
■書店／販売店のご注文窓口
株式会社インプレス受注センター
TEL 048-449-8040／FAX 048-449-8041

技術の泉シリーズ

JavaScript AST入門

ソースを解析・加工して生産性に差をつける！

2018年5月2日　初版発行Ver.1.0（PDF版）
2019年4月5日　Ver.1.1

著　者　佐々木 俊介
編集人　山城 敬
発行人　井芹 昌信
発　行　株式会社インプレスR&D
〒101-0051
東京都千代田区神田神保町一丁目105番地
https://nextpublishing.jp/
発　売　株式会社インプレス
〒101-0051　東京都千代田区神田神保町一丁目105番地

印刷・製本　京葉流通倉庫株式会社
Printed in Japan

ISBN978-4-8443-9822-6